Heidy Martin

Schnitt für Schnitt

Scherenschnitt

Frech-Verlag Stuttgart

Weitere Titel im Frech-Verlag zum Thema „Papier und Tonkarton“:

Marion Hirschhausen
Filigrane Fensterbilder aus Tonkarton
Die Mappe enthält vornehmlich größere Motive, die am Fenster besonders gut wirken. Die 23 Motive sprechen Erwachsene wie Kinder an. Meist geben ihnen die Innenschnitte einen eigenen Reiz.
Vorlagen in Originalgröße
Mappe DIN A5, 24seitige Farbanltg., 2 Vorlagenbg.
TOPP 1209 ISBN 3-7724-1209-2

Keiji Kitamura
Origami-Schatztruhe
Inspirationen für Origami-Fans vom erfolgreichen japanischen Experten.
Über 80 Motive entstehen in aufwendig gestalteten Schritt-für-Schritt-Fotos, die zum Nacharbeiten motivieren. Origami, die Kunst des Faltens, kommt in jeder Runde an!
80 S., 21 x 26 cm, brosch., viele Farbf. u. Zeichng.
TOPP 1551 ISBN 3-7724-1551-2

Armin Täubner
Blumenzauber Fensterbilder in Scandinavian Art
Anspruchsvoll, ganz in der Tradition der skandinavischen Ursprünge nachgearbeitet. Doch die Mühe lohnt sich. Natürliche Motive mit kräftigen, aber sparsam eingesetzten Farben.
Mappe DIN A5, Farbfotos, Anleitung und Vorlagen
TOPP 1443 ISBN 3-7724-1443-5

Fotos: Frech-Verlag GmbH + Co. Druck KG, D-70499 Stuttgart · Fotostudio Ullrich & Co., 71272 Renningen

Auflage: 6. 5. 4. 3. 2. | Letzte Zahlen maßgebend
Jahr: 1998 97 96 95 94

frechverlag GmbH + Co. Druck KG, D-70499 Stuttgart

ISBN 3-7724-1680-2 · Best.-Nr. 1680
Druck: Frech-Verlag GmbH + Co. Druck KG, D-70499 Stuttgart

Erfaßt der Mensch
die tiefe Wahrheit,
so erkennt er,
daß es nichts gibt,
das nicht in ihm selbst ist.
(Hazrat Inayat Khan)

Als ich 1969 meine große Liebe für den Scherenschnitt entdeckte, habe ich mich daran erinnert, daß ich als Kind an einem Scherenschnittwettbewerb teilgenommen hatte. Ich gewann eine Puppe dabei, die ich heiß liebte und noch heute besitze.

Erste Scherenschnittversuche lassen sich mit dem ersten begeisterten Hantieren eines kleinen Kindes mit der Schere vergleichen. Da beginnt eigentlich schon das abenteuerliche Spiel: Falten, schneiden – schon ist der Schnitt im Doppel da. Hurra, was für ein Erlebnis! So ein Erlebnis kann die Entwicklung der eigenen Kreativität begründen. Einmal erlebt, läßt es einen einfach nicht mehr los, dem kindlichen Erfindungsreichtum werden Tür und Tor geöffnet, noch bevor der kleine Mensch sich dessen bewußt wird.

Viele Erwachsene tun sich, trotz aller Wünsche, es auch einmal mit dem Scherenschnitt zu vesuchen, mit dem Einstieg schon ein wenig schwerer.
Man muß es nur einfach einmal wagen!
Um zu diesem Mut zu verhelfen, habe ich mein Buch geschrieben.

Materialüberblick

Scheren
- Scherenschnittschere
- Bastelschere

Hilfsmittel
- Bleistift
- Weißer Farbstift
- Kugelschreiber
- Radiergummi
- Klebeband
- Weißleim
- Kohlepapier
- Weißes Durchschlagpapier
- Pauspapier
- Zahnstocher oder Stäbchen
- Nadel

Papier
- Scherenschnittpapier, schwarz
- Papier, schwarz oder weiß

Weitere Papiersorten
- Büttenpapier
- Japanpapier
- Origamipapier
- Buntpapier
- Flugpostpapier
- Schreibmaschinenpapier
- Papiere aus Illustrierten
- Zeichenpapier

Material und Werkzeug

Das schätze ich immer wieder am Scherenschnitt: Man benötigt lediglich ein Stück Papier und eine geeignete Schere, und schon kann es losgehen! Diesem bescheidenen Aufwand ist es sicher auch zu verdanken, daß sich in vielen alten Bibeln und Gebetbüchern Scherenschnitte als Lesezeichen finden.

Sie brauchen also:

- Schere
  Eine kleine Schere mit feiner, gut schneidender Spitze. Ich habe 17 Jahre lang mit einer gebogenen Nagelschere geschnitten, die ich jeweils nach Bedarf selber nachschliff. Ich habe mich erst davon getrennt, als es auf dem Markt etwas Besseres gab.

- Papier
  Das Papier sollte nicht zu dick sein. Wenn es sich wie Schreibmaschinenpapier anfühlt, ist es geeignet. Um das eigene Lieblingspapier zu entdecken, sollte man Versuche mit verschiedenen Papieren machen.
  Wer es farbig liebt, kann Origamipapier benutzen, oder – wie ich es oft mache – farbige Seiten aus Illustrierten.
  Außerdem benötigen Sie Papier zum Aufkleben der fertigen Arbeiten, am besten Zeichenpapier.
  Für die schwarzen Schnitte empfiehlt sich Weiß oder ein gebrochenes Weiß als Hintergrund. Sie können natürlich auch mit farbigem Hintergrund experimentieren!

- Leim
  Als Klebstoff wird Weißleim benötigt, als Instrument ein spitzes Stäbchen, zum Beispiel ein Zahnstocher.

- Farbstift
  Für einen Entwurf direkt auf schwarzes Papier eignet sich ein weißer Farbstift.
  Für einen Entwurf auf Skizzenpapier wird mit Bleistift vorgezeichnet und mit Kugelschreiber auf die Arbeitsfläche durchgepaust.

- Pauspapier
  Es gibt spezielles Durchschlagpapier, das weiß auf schwarzes Scherenschnittpapier durchpaust.
  Im Handel gibt es Papier, das auf einer Seite schwarz, auf der anderen weiß ist.

Wer im Zeichnen nicht so geübt ist und oft radieren muß, dem empfehle ich, einen separaten Entwurf zu machen, da durch das lange Bearbeiten das Papier unansehnlich wird und sich schlechter schneiden läßt.

Noch eine Bemerkung zur Schere und der Technik des Schneidens:
Gutes Werkzeug kann beim Scherenschnitt Wunder wirken und wesentlich zum Vergnügen an diesem Hobby beitragen. Heute gibt es im Handel eine Schere mit einer besonders fein geschliffenen Spitze, die das Einstechen sehr erleichtert und gekurvte Feinheiten sauber schneidet.

Wichtiger Tip für das Halten der Schere:
- Einstechen auf dem Zeigefinger
- Ausschneiden auf dem Mittel- oder Zeigefinger

Sauberes Ausschneiden eines Loches:
- Einstechen in der Mitte
- Ausschneiden gegen den Uhrzeigersinn.

Übungen

Stellen Sie sich vor, Sie sitzen an einer Nähmaschine und wollen ein Tischtuch mit Ornamenten verzieren. Weil die Nähmaschine fest installiert, also unbeweglich ist, drehen Sie den Stoff unter der Nadel, dem vorgezeichneten Muster nach.
Genauso verfahren Sie mit dem Scherenschnitt. Die Hand, die die Schere führt, dreht sich nie, sondern die andere Hand dreht und bewegt das Papier, um die gewünschten Motive entstehen zu lassen.
Diesen Vorgang können Sie nun mit einfachem Schreibmaschinenpapier üben, indem Sie das Papier einmal falten und ein sehr einfaches Motiv direkt oder nach Aufzeichnung ausschneiden.
Üben Sie auch das Einstechen, indem Sie auf dem Zeigefinger das Papier sachte gegen die Spitze der geöffneten Schere drücken und, sobald Sie durch sind, zu schneiden beginnen. Erst in ganz kleinen Schnitten, je größer die Öffnung, desto länger werden die Schnittbewegungen.
Bei Linkskurven führen Sie die Schere von oben ins Papier und bei Rechtskurven von unten.
Wenn Sie mit der Schere gegen das Papier stoßen und in Ihren Bewegungen eingeschränkt sind, wechseln Sie die Führung der Schere, indem Sie von oben bzw. von unten schneiden.
Nur das Einstechen geschieht immer von oben.

So entsteht ein Scherenschnitt

- Das Papier einmal falten.
- Falte auf die linke Seite nehmen.
- Motiv aufzeichnen.
  Bei einem größeren, detaillierten Motiv empfiehlt es sich, einen Entwurf auf weißem Skizzenpapier zu machen, auf dem radiert werden kann.
  Um sich die Ausführung des Entwurfs besser vorstellen zu können, stellen Sie einen Spiegel an den Falz. So sehen Sie das Ganze, und eventuelle Fehler fallen ins Auge.
- Motiv übertragen.
  Um den Entwurf zu übertragen, pausen Sie ihn am besten auf das Arbeitspapier, auf schwarzes Papier mit weißem Pauspapier.
- Dann ist die Arbeit zum Ausschneiden bereit.

Machen Sie gleich mehrere Übungen, damit Sie Sicherheit gewinnen.

Eine erste Übung

Etwas schwieriger als der vorhergehende Scherenschnitt ist dieser Faltschnitt mit Rahmen und vielen kleinen Äpfeln zum Einstechen – eine ausgezeichnete Übung! Und wer es wagt, schneidet bei dem Vogel auch noch ein Auge aus...

Wer soll Meister sein?
Der was ersann!
Wer soll Geselle sein?
Der was kann!
Und wer soll Lehrling sein?
Wir alle, jedermann!

Johann Wolfgang von Goethe

Gräser und Verzierungen

Zacken
Bei Gräsern oder ähnlichen Verzierungen werden Zacken nicht aufgezeichnet, nur der obere und der untere Rand werden markiert. Der obere Rand wird zuerst geschnitten, danach wird Zacke für Zacke ausgeschnitten.

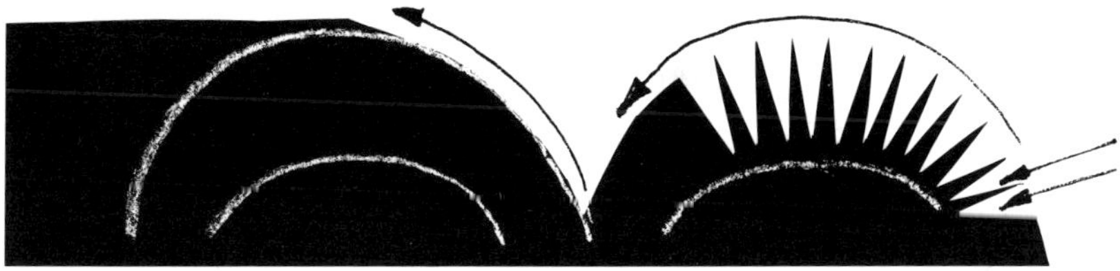

Geflecht
Wie bei diesem Korb beginnt man unten, wo bis zum Rand eingeschnitten wird, und von dort zur Mitte hin. Feld für Feld ausschneiden. Bei der zweiten Reihe verfährt man wie bei der ersten, und so weiter. Auf diese Weise entsteht ein schönes Geflecht.

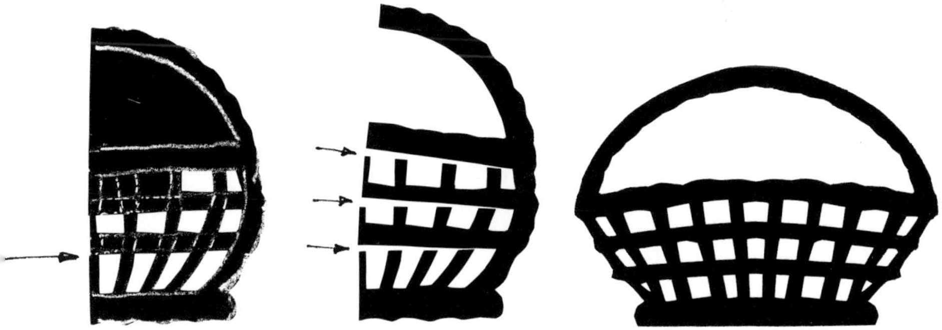

Das Aufkleben der fertigen Arbeit

Bügeleisen auf Wolle einstellen (ohne Dampf), und die Arbeit auf einer Zeitung vorsichtig mit dem Bügeleisen flachdrücken.

Um Glanzstellen zu vermeiden, den Scherenschnitt auf der Rückseite bügeln.

Den Scherenschnitt auf das aufzuklebende Papier legen. Die Arbeit überprüfen: wenn noch etwas zu korrigieren ist, sollten Sie das jetzt am offenen Schnitt und auf jeder Seite einzeln tun.

Zum Aufkleben ein erbsengroßes Stück Weißleim auf einen Papierschnipsel drücken.

Der Scherenschnitt liegt jetzt schön zentriert auf dem Aufklebepapier. Die linke Hand hält den Schnitt. Mit der rechten den Scherenschnitt etwas anheben, dann mit einem Zahnstocher ein klein wenig Weißleim unter die angehobene Stelle tupfen.

Darauf achten, daß kein Leim hervorquellen kann, und den Schnitt festdrücken. Noch einige Leimtupfer anbringen.

Der Scherenschnitt ist ausreichend festgeklebt, wenn sich beim Aufstellen der Arbeit keine geschnittenen Stellen nach vorne neigen.

Was tun, wenn man zuviel weggeschnitten hat?

Nur halb so schlimm...
Erst einmal suchen, ob sich der abgeschnittene Teil unter den Schnipseln findet. Wenn ja, auf die Seite legen und beim Aufkleben des Schnittes anfügen.
Ist der abgeschnittene Teil nicht mehr zu finden, ohne Bange die Arbeit zu Ende führen, öffnen und bügeln. Jetzt den Schnitt kritisch begutachten.
Fast immer schneidet man nur auf der Unterseite etwas weg, weil sich das gefaltete Papier etwas verschoben hat. Wurde zum Beispiel bei einer Person die Nase weggeschnitten, kann man versuchen, den Gesichtsausdruck zu ändern.
Und wenn das nicht gelingt, wird der Kopf am Kragen weggeschnitten, ein neuer Kopf ausgeschnitten und unter dem Kragen befestigt.

Austausch eines Kopfes

Daß an diesem Baum ein Ästchen fehlt, stört überhaupt nicht. Wer will, kann auf der anderen Seite den Ausgleich machen.

Woher nehmen wir Scherenschnittmotive, wenn unsere eigene Phantasie nicht ausreicht?

Es gibt viele Quellen, die uns Motive anbieten: Fotos, Zeitungen, Illustrationen, Kinderbücher, Märchen und Sagen, Kreuzstichmuster, Spitzen, das Beobachten der Natur... Sie müssen einen „Silhouettenblick“ entwickeln!

Kopieren von Vorlagen

Scherenschnittpapier auf einen glatten Tisch legen, Pauspapier auf die rechte Hälfte des Papiers legen und die kopierte oder abgepauste Vorlage auf das Pauspapier legen.
Miit Klebestreifen in der Mittelachse oben und unten die drei Papierlagen auf den Tisch kleben.

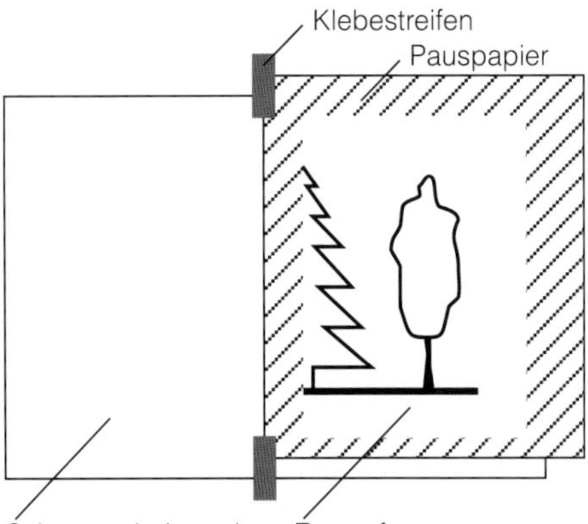

Jetzt die Vorlage mit Kugelschreiber genau nachzeichnen. Auf der rechten Seite können die Papiere zur Kontrolle ein wenig angehoben werden, ohne daß sich etwas verschiebt.

Dann die Klebestreifen von innen nach außen vorsichtig abziehen und das Scherenschnittpapier in der Mittelachse falten.
Es ist beim Übereinanderlegen der Papiere darauf zu achten, daß das Pauspapier auf das Scherenschnittpapier paust und nicht auf die Rückseite der Vorlage.

Die Motive auf dem Vorlagenbogen können Sie direkt ausschneiden – allerdings können Sie sie dann nur jeweils einmal arbeiten.

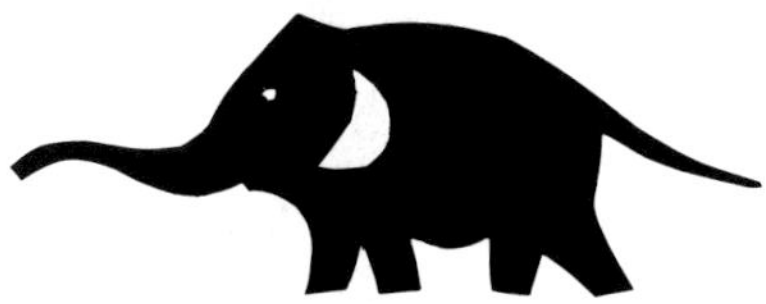

Tip:
Sicher haben wir schon alle einmal mit kleinen Plastiktierchen gespielt oder sie zumindest schon einmal gesehen. Diese Tierchen eignen sich ausgezeichnet als Scherenschnittvorlagen. Allerdings setzt das ein gewisses Talent voraus. Sie können sich auch einen kleinen Wandschirm mit Licht im Hintergrund basteln und die Silhouette der Tierchen wie im Schattentheater betrachten und studieren.

Meine Welt des Scherenschnitts ist sehr poetisch, und gerne drücke ich mich in versteckten Symbolen aus. Durch das Erzählerische, das sich im Scherenschnitt leicht darstellen läßt, kann ich Szenen darstellen, die in einer anderen Technik schnell ins Kitschige abrutschen.

Leben auf dem Land

Dieser Scherenschnitt eignet sich als Übung für einen größeren Schnitt – weitere Stockwerke lassen sich hinzufügen!

Je kleiner die Figuren und Gegenstände dargestellt werden, desto mehr dürfen sie vereinfacht werden, ohne daß sie an Klarheit der Aussage etwas einbüßen.

Geschnitten wird zuerst der äußere Rand. Dann das Zackenmuster unten.

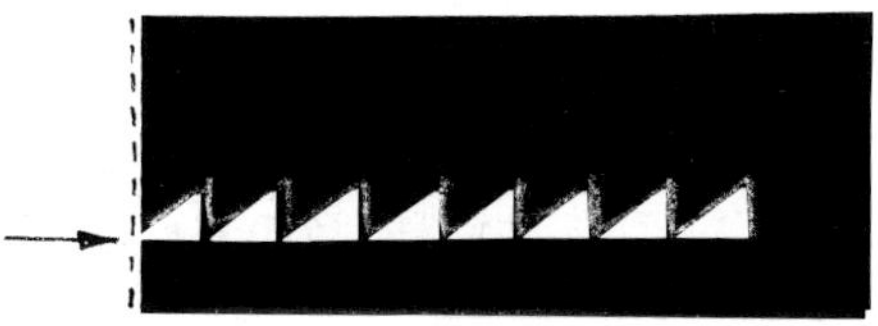

Hier darf durchgeschnitten werden!

Jetzt gehen wir zum Himmel über. Um frei und sauber schneiden zu können, schneiden wir in der freien Fläche ein, damit wir Platz für die linke Hand haben. Wir beginnen mit der Sonne.

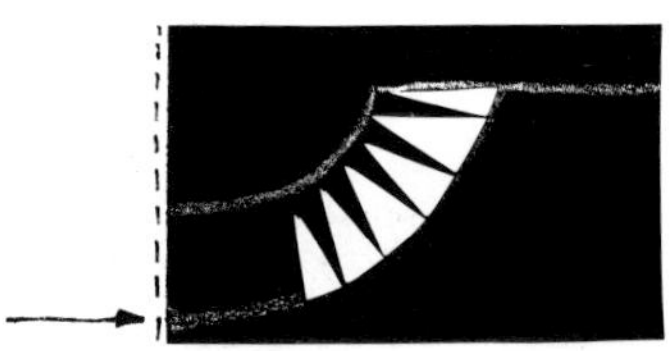

Erst am Rand der Strahlen entlangschneiden.

Dann kommen die Hügel dran, und jetzt der obere Stock vom rechten Rand nach links hin zum Falz.

Nun vom Falz her, zum rechten Rand hin, den oberen Stock vom unteren trennen.
Dann Fenster, Türe und Mauer einstechen und ausschneiden, bevor das Haus ausgeschnitten wird.
Weiter zum Falz hin schneiden und das Bild fertigstellen.

Verkleinerte Abbildung,
Vorlage in Originalgröße auf dem
Vorlagenbogen

Originalgröße der Figuren

Die Bedeutung des Baumes im Scherenschnitt

Der Baum kann als grundlegendes Element des heutigen Scherenschnittes bezeichnet werden. Er ist eines der dankbarsten Sujets überhaupt und in seiner Anwendung und Variationsmöglichkeit unbegrenzt.
Ob beim ganz einfachen, kleinen oder beim komplizierten, großen Schnitt – der Baum ist einfach nicht wegzudenken.

Dieser Scherenschnitt ist verkleinert abgebildet – sie finden ihn in Originalgröße auf dem Vorlagenbogen

Hilfreich zu wissen...

Man schneidet von rechts nach links, das heißt, was vom Falz her geschnitten werden kann, wird erst zum Schluß ausgeschnitten. Auf diese Weise halten die noch zu schneidenden Stellen bis zum Schluß gut zusammen.

Hohe und schmale Schnitte sind einfacher zu schneiden als breite und niedere.

Bei größeren Schnitten empfiehlt es sich, das gefaltete Blatt an verschiedenen Punkten, die im Verlauf der Arbeit ausgeschnitten werden, mit einem winzigen Leimtupfer zu sichern. Die Stellen sind leicht zu finden, wenn wir sie mit einer Stecknadel durchstechen.

Es gibt kein Gesetz, das besagt, daß ein Scherenschnitt an einem Stück sein muß. Es kann sogar schöner sein, wenn zum Beispiel Vögel frei fliegen dürfen, anstatt an einem Flügel festgemacht zu sein.

Auch ein Filigranrahmen, der in einem Abstand zum Milieu steht, kann sehr wirkungsvoll sein.

Der Laie meint oft, ein guter Scherenschnitt zeichne sich nur durch größte Feinheit aus, dem ist aber nicht so. Worauf wir achten sollten, ist, daß eine Spannung zwischen Hell und Dunkel entsteht.

Wenn der Scherenschnitt heute noch seinen Reiz beibehalten soll, ist individueller Ausdruck unbedingt gefragt!

Damit eine Spannung im Bild entsteht, sollten Sie:

- einfache Formen wählen (zu viele Details auszuschneiden ist oft der Tod eines guten Scherenschnitts),
- sich die Silhouette immer vorstellen,
- auf die Schwarz-Weiß-Verteilung achten.

Wenn man einen Scherenschnitt auf seine Schwarz-Weiß-Verteilung hin prüfen will, kann man die Augen leicht zusammenkneifen, damit man keine Details mehr sieht.

Bei Figuren, vor allem bei Tieren, auf klare Formen achten. Verkürzte Formen passen nicht zum Scherenschnitt und sind auch viel schwerer zu schneiden (siehe Abbildung rechts).

Gönne dir einen Augenblick der Ruhe,
und du begreifst,
wie närrisch du herumgehastet bist.
Lerne zu schweigen, und du merkst,
daß du zuviel geredet hast.
Sei gütig, und du siehst ein,
daß dein Urteil über andere viel zu hart war.

Tschen-tschjy

Worüber wir staunen...

Daß die Welt hinter den Bergen nicht zu Ende ist,
daß, was Dir im Spiegel begegnet, du selber bist,
daß die Erde rund ist und sich dreht,
daß der Mond, auch wenn es regnet, am Himmel steht,
daß die Sonne, die jetzt bei uns untergeht,
gerade jetzt für andere Kinder aufersteht.

Max Bollinger

Rast am Wasser

Die Stimmung ist sommerlich. Dadurch, daß der Hügel, die Personen und der Baum sehr dunkel gehalten sind, wird die Wirkung von Sonnenlicht im Hintergrund suggeriert.
Um den Erdhügel zu beleben, sind die Mäuse negativ geschnitten.

Die Scherenschnitte auf den Seiten 20 und 21 sind verkleinert abgebildet – Sie finden sie in Originalgröße auf dem Vorlagenbogen.

Stürmisch

Regen und Wind habe ich in einem einzigen Regentropfen dargestellt.

Wie baut man einen größeren Scherenschnitt auf?

Wenn ich einen größeren Scherenschnitt plane (ca. 40 cm x 50 cm), trage ich die Idee dazu oft schon wochenlang in mir. Meist mache ich vorher noch einige kleine Schnitte, um gewisse Effekte auszuprobieren.

Dann zeichne ich einen Entwurf. Zuerst bestimme ich das Format und beginne dann mit der Einteilung in Felder. Wenn ich damit zufrieden bin, zeichne ich die Motive ein.

Oft feile ich sehr lange an einem Entwurf herum, bis er mir wirklich gefällt. Außerdem zeichne ich ihn ziemlich präzise, damit ich ihn problemlos auf das Arbeitspapier pausen kann und damit beim Schneiden Klarheit herrscht.

Obwohl Papier gar nicht so empfindlich ist, kann zum Beispiel ein Spitzenrand zum Schutz während des Schneidens mit Seidenpapier eingepackt werden, das mit feinsten Leimtupfern zusammengehalten wird.

Beim Schneiden ist es wichtig, daß man an geeigneten Stellen einschneidet, wo man mit der Linken hineingreifen kann.

Nie vergessen:

Erst die kleinsten Feinheiten ausschneiden, bevor darumherum ausgeschnitten wird, weil dann das Papier noch Halt hat.

Wenn ein Spitzenrahmen gewünscht wird, zuerst die Vertikalen schneiden, dann die Horizontalen.

Romantische Kutschfahrt

Abbildung Seite 24/25

Für diesen Scherenschnitt finden Sie keine Vorlage. Er soll Ihnen zeigen, was man mit dieser Technik alles machen kann, und soll Ihre Phantasie und Kreativität anregen.

Als Papier habe ich für diesen Scherenschnitt handgeschöpftes Büttenpapier verwendet.

Zuerst schnitt ich die Komposition in Schwarz und legte sie offen vor mich hin.

Dann schnitt ich Laubwerk in verschiedenen Farben, gleich doppelt, und begann damit den Wald zu gestalten, indem ich das Laubwerk darüber- und darunterlegte, wie es mir gerade gefiel.

Die Sonnenstrahlen habe ich doppelt und dreifach geschnitten und übereinander aufgeklebt.

Dann haben die Ausflügler noch farbige Kleider bekommen.

Pfauen

Bei diesem Scherenschnitt ging es mir darum, die beiden Pfauen irgendwie ins Bild zu bringen.
Gefunden habe ich das Pfauenmotiv in einer Zeitung.
Da ich Bäume über alles liebe, habe ich die Vögel auf einen Baum gesetzt.
Die Tulpen und Gräser dienen wie auch der Rahmen als Ornamente.

Der Scherenschnitt ist verkleinert abgebildet – Sie finden die Vorlage in Originalgröße auf dem Vorlagenbogen.

Auftakt zum Tanz

Die Stimmung der tanzenden Paare hat etwas Fremdländisches an sich – vielleicht sind sie aus 1001 Nacht entsprungen... Der Hirsch über dem Wasser verstärkt noch diesen Eindruck.
Bei der Aufteilung des Schnittes haben wir in der Mitte die Eiform, aufgeteilt in zwei Ebenen. Zwischen Rand und Hauptmotiv ist die „Luft" mit Ornamenten gefüllt. Der Rahmen ist schmal und bescheiden, auf der Seite anders als oben und unten.

Dieser Scherenschnitt ist nicht auf dem Vorlagenbogen abgebildet und dient nur als Anregung.

Ornament

Es ist, als ob ich das Fenster öffnete und mein Blick frei über die Natur streifte. Der Geruch von Blumen und Gras steigt mir in die Nase und meine Ohren vernehmen das heitere Zwitschern der Vögel.

Dieser Scherenschnitt wurde für einen ovalen hölzernen Rahmen geschaffen. Er ist vorwiegend ornamental, Sinnbild für Natur und Tierwelt.

Waldspaziergang

Eine Erinnerung an einen Waldspaziergang in den Ferien. Damals hatte ich Zeit, die Natur zu beobachten und war in Ruhe, so daß die Tiere ihre Scheu vergaßen und sich mir zeigten.

Märchenwelt

Dieser Schnitt ist in drei Teilen gearbeitet: Schloß und Hügel im Faltschnitt, Rosse und Reiter frei.
Ich fühlte mich wie die Prinzessin der Lüfte oder wie der zum Schloß reitende Botschafter.

Der Scherenschnitt ist verkleinert abgebildet. Sie finden ihn in Originalgröße auf dem Vorlagenbogen.

Der Fischfang

Abbildung Seite 31

Dieser Scherenschnitt hat keinen geschnittenen Rahmen.
Der Baum in der Mitte wirkt sehr mächtig, ohne daß jedoch das Gleichgewicht gestört wird. Er ist symbolhaft mit der Erdkugel verwachsen, sinnbildlich für die Kraft der Natur,
Unten, wie in einer Schale oder Mondsichel, das Meer mit dem Fischerboot. Ein breites Band mit Rosen bildet den Abschluß.
In der Baumkrone oben die Sonne als Lebensspenderin. Darunter, man muß schon genau hinsehen, die Liebenden. Im Gras unter dem Baum tänzelt das Einhorn, ein Symbol für kindliche Unschuld.

Dieser Scherenschnitt ist nicht auf dem Vorlagenbogen abgebildet und dient als Anregung.

Ornamentale Spielerei

Katzen

Ich glaube fast, daß nur Katzen so dekorativ herumsitzen können. In diesem Fall unter einer Herzfuchsia.

Der Scherenschnitt ist verkleinert abgebildet – Sie finden ihn in Originalgröße auf dem Vorlagenbogen.

Was sich diese Katzen wohl alles erzählen?

Wer wohl die größte Maus gefangen hat und wo das schönste Jagdrevier ist? Oder wo das wärmste und herrlichste Plätzchen für eine ausgiebige Siesta zu finden ist? Vielleicht plaudern sie gar ihre nächtlichen Abenteuer aus... wie der Köbi zu seinem ausgefransten Ohr kam?

Ein Herz für Katzen

Auch ein weiß geschnittener Scherenschnitt hat seinen besonderen Reiz. Dieses in Herzform geschnittene Katzenmotiv ist allen Katzenliebhabern gewidmet.

Exotisch

Wenn es mal ein bißchen exotisch werden soll, genügt es, zum Beispiel einen exotischen Vogel ins Bild zu bringen. Und wenn das Blattwerk Orchideenblättern ähnelt, haben wir ebenfalls den gewollten Effekt.

Lockendes Afrika 1

Abbildung Seite 37 unten

Elefanten entführen unsere Phantasie gleich in fremde Länder. Sie sind beliebt, wahrscheinlich wegen ihrer Größe, Gutmütigkeit und Dienstfertigkeit den Menschen gegenüber.

Lockendes Afrika 2

Die Idee zu diesem Scherenschnitt stammt tatsächlich aus einem verlockenden Reiseprospekt. Die Giraffen waren so perfekt in der Silhouette dargestellt, daß ich nicht widerstehen konnte, sie zu einem Scherenschnitt umzugestalten.

Der Scherenschnitt ist verkleinert abgebildet – Sie finden die Vorlage in Originalgröße auf dem Vorlagenbogen.

Wagen Sie auch einmal einen Schnitt mit Schrift und Jahreszahl. Auf dem Entwurf nicht vergessen: in Spiegelschrift aufzeichnen!)
Ein solcher Schnitt ist geeignet als Einladung zu einem besonderen Anlaß, als Widmung oder zum Jubiläum, usw.

Dieser Scherenschnitt ist nicht auf dem Vorlagenbogen abgebildet und dient als Anregung.

Freie Scherenschnitte

Es muß nicht immer gefaltet werden! Die Symmetrie hat jedoch ihren besonderen Reiz und beinhaltet den geradezu magischen Moment des Öffnens, welcher nie seine überraschende Wirkung und Freude verfehlt.

Ein Beispiel für einen freien Scherenschnitt

Dieses Wintermotiv ist in zwei Teilen frei geschnitten: Horizont und Vordergrund.
Die Bäume und Sterne erscheinen negativ. Der Schlitten mit dem Pferd positiv.
Sie finden das Motiv in Originalgröße auf dem Vorlagenbogen.

Weihnachten

Dieses Weihnachtsmotiv fällt vor allem durch seine große schwarze Fläche auf.
Der Ort des Geschehens ist als Silhouette am Horizont erkennbar. Das Hauptmotiv, die Geburt Christi, ist in der Mitte plaziert und positiv geschnitten, der Hirte mit den Schafen und die Heiligen Drei Könige sind negativ dargestellt.
Dies Sujet sieht noch schöner aus, wenn wir unten ca. 3 cm umfalten und den Scherenschnitt im Gegenlicht aufstellen.

Der Scherenschnitt ist verkleinert abgebildet – Sie finden die Vorlage in Originalgröße auf dem Vorlagenbogen.

Scherenschnitt aus der Illustrierten

- Schneiden Sie das geeignete Motiv aus dem Heft.
- Falten Sie das Papier einmal.
- Die Form im Doppel sauber ausschneiden.
- Schneiden Sie in der Größe des gefalteten Papiers ein Skizzenpapier aus.
- Darauf zeichnen Sie einen Entwurf.
- Den Entwurf heften Sie mit einer Büroklammer auf das gefaltete Papier.
- Schneiden Sie Ihr Motiv aus.

Dein Auge kann die Welt
trüb oder hell dir machen.
Wie du sie ansiehst,
wird sie weinen oder lachen.

Friedrich Rückert

Schmetterling

Dieser farbenfrohe Schmetterling ist aus einem abgebildeten Skijackenärmel entstanden.
Oft finden wir nur kleine farbige Ausschnitte, die sich für einen Scherenschnitt eignen.

Sobald es Licht wird in dem Menschen,
ist auch außer ihm keine Nacht mehr;
sobald es stille wird in ihm,
legt sich auch der Sturm im Weltall,
und die streitenden Kräfte der Natur
finden Ruhe zwischen bleibenden Grenzen.

Friedrich Schiller

Blumen-Bukett

Blumen-Bukette sind immer schön, warum nicht mal in Papier geschnitten? Als Glückwunschkarten bereiten sie immer Freude und sind sehr vielseitig verwendbar. Wer mag, kann sie aus farbigem Papier schneiden.

Dieser Scherenschnitt ist verkleinert abgebildet – Sie finden ihn in Originalgröße auf dem Vorlagenbogen.

Wenn Sie es farbig mögen:

Sammeln Sie alles an farbigen Papieren, was Ihnen unter die Finger kommt (Zeitungspapier ist nicht geeignet, weil es stark vergilbt). So haben Sie immer farbiges Papier zur Hand, wenn Ihnen eine Idee kommt.

Üben – üben – üben

Dabei entstehen viele kleine Motive, passend auf Tischkärtchen, Briefumschläge, Kartengrüße usw.

Scherenschnitt ist eine Volkskunst, die es wert ist, erhalten zu werden.

Es bieten sich so viele Gelegenheiten, bei denen wir ein Stück Papier und eine Schere zur Hand nehmen können. Wenn wir dann schneiden, werden wir ganz in den Bann der Silhouette gezogen, und die Zeit um uns scheint still zu stehen. Meine Erfahrung hat gezeigt, daß Schneiden unerhört beruhigend wirkt.

Es spielt keine Rolle, was wir ausschneiden und wie gut wir sind. Die Freude am Tun wächst; wenn wir uns vor allem kleinen, einfachen Motiven zuwenden, so wird die Sicherheit wachsen.

Noch eine Regel: Am Anfang ist es besser, sich nicht mit den großen Meistern zu messen. Man nehme sie nur als Vorbilder, die uns zeigen, was alles im Scherenschnitt möglich ist. Wer ein Musikinstrument lernt, ist auch nicht gleich ein Virtuose.

Durchaus förderlich hingegen ist das Kopieren großer Meister. Beim Kopieren lernt man sehr viel, und Übung macht den Meister!